环保科普丛书　　"十三五"国家重点图书出版规划项目

固体废物管理与资源化
知识问答

GUTIFEIWU GUANLI YU

ZIYUANHUA

ZHISHI WENDA

环境保护部科技标准司
中国环境科学学会　主编

中国环境出版集团·北京

图书在版编目（CIP）数据

固体废物管理与资源化知识问答 / 环境保护部科技标准司，中国环境科学学会主编 . -- 北京：中国环境出版集团，2015.5（2020.10 重印）
（环保科普丛书）
ISBN 978-7-5111-2370-1

Ⅰ.①固… Ⅱ.①环… ②中… Ⅲ.①固体废物处理—问题解答 ②固体废物利用—问题解答 Ⅳ.① X705-44

中国版本图书馆 CIP 数据核字 (2015) 第 080655 号

出 版 人　武德凯
责任编辑　沈　建　董蓓蓓
责任校对　任　丽
装帧设计　宋　瑞

出版发行　**中国环境出版集团**
　　　　　（100062 北京市东城区广渠门内大街 16 号）
　　　　　网　　址：http://www.cesp.com.cn
　　　　　电子邮箱：bjgl@cesp.com.cn
　　　　　联系电话：010-67112765（编辑管理部）
　　　　　发行热线：010-67125803，010-67113405（传真）
印　　刷　北京中科印刷有限公司
经　　销　各地新华书店
版　　次　2015 年 5 月第 1 版
印　　次　2020 年 10 月修订第 2 次印刷
开　　本　880×1230　1/32
印　　张　4
字　　数　70 千字
定　　价　20.00 元

《固体废物管理与资源化知识问答》编委会

科学顾问：聂永丰

主　　编：胡华龙　李金惠

副 主 编：杨　勇

编　　委：（按姓氏首字母排序）

陈永梅　胡华龙　黄启飞　李金惠　卢佳新

罗庆明　牛玲娟　邱　琦　师　雄　王明慧

杨　勇　张静蓉　张俊丽　朱芬芬

编写单位：中国环境科学学会

中国环境科学学会固体废物分会

环境保护部固体废物与化学品管理技术中心

巴塞尔公约亚太区域中心

中国环境科学研究院

中国人民大学环境学院

环境保护部宣传教育中心

绘图单位：北京创星伟业科技有限公司

《环保科普丛书》

我国正处于工业化中后期和城镇化加速发展的阶段，结构型、复合型、压缩型污染逐渐显现，发展中不平衡、不协调、不可持续的问题依然突出，环境保护面临诸多严峻挑战。环保是发展问题，也是重大的民生问题。喝上干净的水，呼吸上新鲜的空气，吃上放心的食品，在优美宜居的环境中生产生活，已成为人民群众享受社会发展和环境民生的基本要求。由于公众获取环保知识的渠道相对匮乏，加之片面性知识和观点的传播，导致了一些重大环境问题出现时，往往伴随着公众对事实真相的疑惑甚至误解，引起了不必要的社会矛盾。这既反映出公众环保意识的提高，同时也对我国环保科普工作提出了更高要求。

当前，是我国深入贯彻落实科学发展观、全面建成小康社会、加快经济发展方式转变、解决突出资源环境问题的重要战略机遇期。大力加强环保科普工作，提升公众科学素质，营造有利于环境保护的人文环境，增强公众获取和运用环境科技知识的能力，把保护环境的意识转化为自觉行动，是环境保护优化经济发展的必然要求，对于推进生态文明建设，积极探索环保新道路，实现环境保护目标具有重要意义。

国务院《全民科学素质行动计划纲要》明确提出要大力提升公众的科学素质，为保障和改善民生、促进经济长期平稳快速发展和社会和谐提供重要基础支撑，其中在实施科普资源开发与共享工程方面，要求我们要繁荣科普创作，推出更多思想性、群众性、艺术性、观赏性相统一，人民群众喜闻乐见的优秀科普作品。

环境保护部科技标准司组织编撰的《环保科普丛书》正是基于这样的时机和需求推出的。丛书覆盖了同人民群众生活与健康息息相关的水、气、声、固废、辐射等环境保护重点领域，以通俗易懂的语言，配以大量故事化、生活化的插图，使整套丛书集科学性、通俗性、趣味性、艺术性于一体，准确生动、深入浅出地向公众传播环保科普知识，可提高公众的环保意识和科学素质水平，激发公众参与环境保护的热情。

我们一直强调科技工作包括创新科学技术和普及科学技术这两个相辅相成的重要方面，科技成果只有为全社会所掌握、所应用，才能发挥出推动社会发展进步的最大力量和最大效用。我们一直呼吁广大科技工作者大力普及科学技术知识，积极为提高全民科学素质作出贡献。现在，我们欣喜地看到，广大科技工作者正积极投身到环保科普创作工作中来，以严谨的精神和积极的态度开展科普创作，打造精品环保科普系列图书。衷心希望我国的环保科普创作不断取得更大成绩。

丛书编委会
二〇一二年七月

前言

固体废物与我们的生产和生活如影随形。人们在开发资源、制造产品的过程中会产生废物；任何产品经过使用和消耗后，最终也都将变成废物；即便在环境污染治理过程中，也会有废物产生。受经济社会发展水平、产业结构、治理技术、管理水平、人口、消费习惯等多重因素影响，我国固体废物规模近年来增长迅速。2013年全国工业固体废物产生量超过 32 亿 t。城市生活垃圾清运量高达 1.73 亿 t。

固体废物与环境质量的改善息息相关。固体废物若处理不当，不仅会侵占宝贵的土地资源，还会污染水体、大气、土壤环境。加强固体废物管理是改善环境质量、防范环境风险、维护人体健康的重要保障，是深化环境保护的必然要求和重要标志。

固体废物具有双重属性，不仅具有"污染"属性，而且也具有"资源"属性。在某一地区是固体废物的物质在另外地区可能具有很高的利用价值；今天是固体废物，明天也许是资源；某一生产过程产生的固体废物，往往可以成为另一生产过程的原料。只要具备适当的外部条件，"废物"也可以成为"资源"。

为此，我国颁布了《固体废物污染环境防治法》，并出台了《医疗废物管理条例》《废弃电器电子产品回收处理管理条例》，以及《国家危险废物名录》《危险废物转移联单管理办法》《再生资源回收管理办法》等多项政策法规，大力提高固体废物的污染防治水平，推动固废资源再生利用。

本书以固体废物的全过程管理和处理处置为主线，系统介绍固体废物的相关概念、现状、危害、处理、处置等基础知识，便于社会各界全面、客观认识固体废物，并积极参与固体废物的源头减量化和资源再利用。

本书的主要执笔人员如下：第一部分，师雄；第二部分，朱芬芬；第三部分，罗庆明；第四部分，黄启飞；第五部分，邱琦；第六部分，张俊丽；第七部分，牛玲娟。

中国环境科学学会固体废物分会、环境保护部固体废物与化学品管理技术中心、巴塞尔公约亚太地区区域中心、中国人民大学环境学院、中国环境科学研究院、环境保护部宣传教育中心等单位委派专家参与本书的编写和审定工作，在此一并感谢！由于时间仓促，书中难免有不妥之处，敬请读者批评指正！

编者

二〇一四年十一月

目录

第一部分　固体废物的基础知识　1

第五部分 固体废物的处理技术 71

第六部分 固体废物的最终处理 **87**

第七部分　固体废物控制的公众参与　101

第一部分
固体废物的基础知识

1. 什么是固体废物？

固体废物是指在生产、生活和其他活动中产生的丧失原有利用价值或者虽未丧失利用价值但被抛弃或者放弃的固态、半固态和置于容器中的液态或气态物品、物质以及法律、行政法规规定纳入固体废物管理的物品、物质。

固态废物，如废玻璃瓶、报纸、塑料袋、木屑等；半固态废物，如污泥、油泥、粪便等；置于容器中的液态或气态废物，如废酸、废油、废有机溶剂等均属"固体废物"范畴。

2. 固体废物来自哪里?

　　固体废物主要来源于人类的生产、消费和环境污染治理过程。人们在开发资源、制造产品的过程中必然产生废物;任何产品经过使用和消耗后,最终也都将变成废物。

　　(1)生产过程。现代社会建立在生产系统的基础之上,基本的生产过程包括原料的获取、工农业生产,在此过程中会产生固体废物,如尾矿、废石、冶炼渣、秸秆、畜禽粪便等。

　　(2)消费过程。消费过程同样也产生固体废物,如剩饭、剩菜、果皮类废物;废包装、旧报纸和杂志等。超过使用期后被废弃的衣服、鞋帽等;家用电器、照明灯具、交通工具以及建筑物等报废后也成为固体废物。

（3）环境污染治理过程。在废水、废气、废渣的治理与再利用过程中同样也产生固体废物，如污水处理产生的污泥、电厂烟气脱硫产生的脱硫渣、垃圾焚烧产生的灰渣等。

3. 固体废物的主要特征有哪些？

固体废物的特点是具有双重性，其中很多固体废物都可做为产品原材料使用！

粉煤灰　　再生砖

（1）双重性。固体废物具有污染环境和再生利用的双重特性，具有鲜明的时间和空间特征，是在一定时间和地点被丢弃的物质，可以说是放错地方的资源。例如，粉煤灰是发电厂产生的废弃物，但可用来制砖，对建筑业来说，它又是一种有用的原材料。

（2）复杂多样性。固体废物种类繁多、成分也非常复杂。例如，一部废手机，就含有塑料、金属、玻璃等多种成分；废旧电视机含有玻璃、塑料、金属、荧光粉等。

（3）危害的潜在性和长期性。固体废物的污染物迁移转化缓慢，所产生的环境污染常常不易被察觉，容易发生人身伤害等灾害性事件，环境污染后恢复时间长。例如，美国腊芙运河污染治理前后花费了21年（详细内容参阅本书第24页）。

4. 固体废物如何分类?

固体废物有多种分类方法，可根据其来源、组分、形态等进行划分，也可根据其污染特性、燃烧特性等进行划分：

（1）按其来源可分为城市固体废物、工业固体废物、农业固体废物等。

（2）按其化学成分可分为有机废物和无机废物。

（3）按其形态可分为固态废物，如玻璃瓶、报纸、塑料袋、木屑等；半固态废物，如污泥、油泥、粪便等；液态（气态）废物，如废酸、废油、废有机溶剂等。

（4）按其污染特性可分为危险废物和一般废物。

（5）按其燃烧特性可分为可燃废物，如废纸、废塑料、废机油等；不可燃废物，如金属、玻璃、砖石等。

5. 什么是生活垃圾？

生活垃圾是指在日常生活中或者为日常生活提供服务的活动中产生的固体废物以及法律、行政法规规定视为生活垃圾的固体废物。

在该定义中，生活垃圾包括城镇生活垃圾和农村生活垃圾。生活垃圾的组成成分主要有：食品、纸类、塑料、玻璃、金属、织物、灰土、草木和砖瓦等。

6. 什么是工业固体废物？

工业固体废物是指在工业生产活动中产生的固体废物，主要包括：冶金工业固体废物，如高炉渣、钢渣、金属渣、赤泥等；燃煤固体废物，如粉煤灰、炉渣、除尘灰等；矿业固体废物，如采矿废石和尾矿、煤矸石；化学工业固体废物，如油泥、焦油页岩渣、废有机溶剂、酸渣、碱渣、医药废物等；轻工业固体废物，如发酵残渣、废酸、废碱等；其他工业固体废物，如金属碎屑、建筑废料等。

7. 什么是危险废物?

危险废物是指列入《国家危险废物名录》或者根据国家规定的危险废物鉴别标准和鉴别方法认定的具有危险特性的固体废物。

危险废物是具有腐蚀性、毒性、易燃易爆性、化学反应性或者感染性,以及可能对环境或者人体健康造成有害影响的固体废物或置于容器中的液态或气态废物。放射性废物虽然具有危害特性,但是不在危险废物管理范围之内,按照《中华人民共和国放射性污染防治法》管理。

8. 什么是医疗废物?

医疗废物是指医疗卫生机构在医疗、预防、保健以及其他相关活动中产生的具有直接或者间接感染性、毒性以及其他危害性的废物。

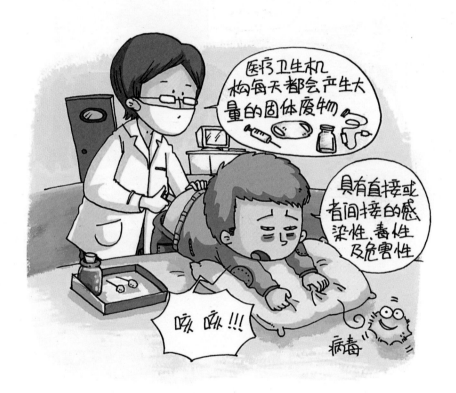

9. 什么是餐厨垃圾?

餐厨垃圾是指饭店、宾馆、企事业单位食堂、食品加工厂、家庭等加工、消费食物过程中产生的残羹剩饭、过期食品、下脚料、废料等废弃物。包括餐饮业产生的食品垃圾、家庭厨余垃圾、市场丢弃的食品和蔬菜垃圾、食品厂丢弃的过期食品等。

10. 什么是电子废物？

电子废物是指废弃的电子电器产品、电子电气设备及其废弃零部件、元器件和国家相关管理部门规定纳入电子废物管理的物品、物质。包括工业生产活动中产生的报废产品、报废的半成品和下脚料，产品或者设备维修、翻新、再制造过程产生的报废品，日常生活或者为日常生活提供服务的活动中废弃的产品，以及我国法律法规禁止生产或者进口的产品。

日常生活中常见的电子废物有废弃家用电器，如电视机、冰箱、空调、洗衣机等；
报废的计算机，如
台式电脑、笔记本
电脑、平板电脑等；
废弃办公及通信设
备，如打印机、复
印机、手机、电话
机等；各种废弃电
池、电子零部件、
电缆电线等。

11. 什么是农业固体废物？

农业固体废物指农业
生产建设过程中产生的
固体废物，主要来自植
物种植业、动物养殖
业（畜禽养殖过程中
产生的残余物）及农
用塑料残膜等。

12. 什么是污泥？

污泥是生活污水和工业废水处
理过程中的产物，由固体杂质、悬
浮物及胶体物质的浆状物组成，其
实质就是污水中的固体部分。污泥
的主要特性是含水率高，有机物含
量高，容易腐化发臭，并且颗粒较
细，比重较小。工业废水污泥还含

有有毒有害物质，如重金属、持久性有机污染物等。

13. 什么是白色污染？

大量塑料袋、一次性塑料餐具、农用薄膜、包装用塑料制品等
在使用后被抛弃在环境中，给景观和生态环境带来很大破坏。由于废

塑料大多呈白色，因此造成的环境污染被称为"白色污染"。其实"白色污染"是人们对塑料垃圾引起环境污染的一种形象称谓。

14. 什么是清洁生产？

清洁生产是指不断采取改进设计、使用清洁的能源和原料、采用先进的工艺技术与设备、改善管理、综合利用等措施，从源头削减污染，提高资源利用效率，减少或者避免生产、服务和产品使用过程中污染物的产生和排放，以减轻或者消除对人类健康和环境的危害的一种生产模式。

15. 什么是循环经济？

循环经济是指在生产、流通和消费等过程中进行的减量化、再利用、资源化活动的总称。减量化是指在生产、流通和消费等过程中减少资源消耗和废物产生。再利用是指将废物直接作为产品或者经修复、翻新、再制造后继续作为产品使用，或者将废物的全部或者部分作为其他产品的部件予以使用。资源化是指将废物直接作为原料进行利用或者对废物进行再生利用。

16. 什么是"零排放"?

"零排放"是指应用清洁技术、物质循环技术和生态产业链接等技术，实现对天然资源尽可能地完全循环利用，过程中不产生废物，不对环境造成污染。

17. 什么是再生资源？

再生资源是指在社会生产和生活消费过程中产生的，已经失去原有全部或部分使用价值，经过回收、加工处理，能够使其重新获得使用价值的各种废弃物。

再生资源包括废旧金属、报废电子产品、报废机电设备及其零部件、废造纸原料（如废纸、废棉等），废化工原料（如橡胶、塑料、废油、动物杂骨、毛发等）、废玻璃等。

18. 什么是固体废物的利用？

固体废物的利用通常是指通过各种物理、化学、生物等技术手段，将固体废物转化为材料、燃料等的资源化过程，同时避免其对环境的污染。

19. 什么是固体废物的处置？

固体废物的处置是指将固体废物焚烧和利用以改变固体废物的物理、化学、生物特性的方法，达到减少已产生的固体废物数量、缩小固体废物体积、减少或者消除其危险成分的活动，或者将固体废物最终置于符合环境保护规定要求的填埋场的活动。

第二部分
固体废物的
产生现状与潜在危害

20. 我国固体废物产生状况如何？

我国人口众多，加之近 30 年社会经济快速发展，使得我国固体废物产生量增长迅速。例如，我国生活垃圾清运量由 2006 年的 1.48 亿 t 上升到 2011 年的 1.64 亿 t，5 年增长了 10.5%；危险废物产生量由 2006 年的 1 084 万 t 增长到 2011 年的 3 431 万 t，增长了 2 倍。尾矿产生量由 2006 年的 8.96 亿 t 增长到 2011 年的 15.81 亿 t，增长了 76%。

21. 固体废物产生量的影响因素有哪些？

固体废物产生量受很多因素影响，比如经济发展水平、产业结构、技术和管理水平、社会发展水平、人口、消费习惯等。其中，经济发展水平是主要的影响因素，良好的个人消费习惯对固体废物的减量化有重要影响，比如，物尽其用、尽量减少垃圾的产生，积极配合垃圾分类收集等。例如日本自 2005 年开始推广建设循环型社会后，民众积极响应，生活垃圾产生量显著下降，由 2005 年的 5.2×10^7 t 下降到 2010 年的 4.5×10^7 t，产业废物由 2005 年的 4.22×10^8 t 下降到 2010

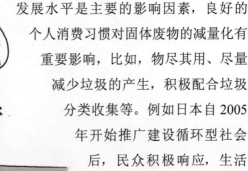

年的 3.86×10^8 t。

22. 我国固体废物处理处置现状如何？

　　我国固体废物处置以资源化、无害化、减量化为原则，以综合利用和处置为手段。以生活垃圾处理处置为例，现阶段主要技术包括资源回收利用、焚烧处理、卫生填埋处置、高温堆肥处理。2011 年，我国生活垃圾的无害化处理率为 79.8%，卫生填埋的比例最高，占 76.9%，焚烧处理占 19.6%。2011 年我国一般工业固体废物的综合利用率为 60.5%，处置率为 21.8%。全国工业危险废物 2011 年产生量为 3.4×10^6 t，其中综合利用率为 51.7%，处置率为 26.7%，贮存率为 24.0%。

23. 我国固体废物的区域分布特征是怎样的？

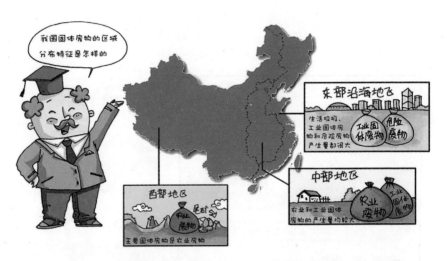

　　固体废物主要包括生活垃圾、工业固体废物、农业固体废物和危险废物。就地域而言，我国东部沿海地区经济发达，人口众多，城镇化水平高，生活垃圾、工业固体废物和危险废物产生量都很大；中部地区经济发展相对较慢，农业生产比较发达，也有很多工矿企业，农业固体废物和工业固体废物的产生量均较大；西部地区相对来说发展比较慢，城镇化水平较低，农业以畜牧业为主，因此生活垃圾和工业固体废物产生量相对较少，主要是农业固体废物。矿产资源丰富的地区，废矿石和尾矿的产生量较大。

24. 国外固体废物利用与处置现状如何？

　　发达国家固体废物分类收集起步较早，利用技术水平比较先进，拥有各类利用与处置设施，能够基本实现固体废物的无害化处置，回收利用比例逐年上升。以生活垃圾处理为例，自 20 世纪 80 年代以来，美国生活垃圾填埋处置的比例下降很快，目前维持在 50% 左右，2010 年，其回收利用的比例达到 34.1%，焚烧发电的比例达到 11.7%。日本的生活垃圾一直都是以焚烧为主，2005 年开始推进循环型社会后，垃圾产生量减少，资源化等中间处理的比例占到了 13% 左右，焚烧比例达到 78% 左右。美国 2011 年产生 3.9×10^7 t 危险废物，其中 3.8% 得到了回收利用。日本 2010 年的产业废物（包括农业和林业）产量为 3.86×10^8 t，其中 53.4% 进行了再生利用。

25. 固体废物对生态环境有哪些影响？

固体废物对生态环境的影响主要表现在以下几个方面：

（1）对土地资源的影响。固体废物的堆放需要占用土地。固体废物的堆放，不但占用一定土地，而且其累积的存放量越多，所需的面积也越大，这势必使可耕地面积短缺的矛盾加剧。

（2）对水环境质量的影响。固体废物弃置于水体，将使水质直接受到影响，严重危害生物的生存条件和水资源的利用。此外，堆积的固体废物经过雨水的浸渍和废物本身的分解，其渗滤液和有害化学物质的迁移和转化，将对河流及地下水系造成污染。

（3）对大气环境质量的影响。固体废物在堆存和处理处置过程中会产生有害气体，若不妥善处理，将对大气环境造成不同程度的影响。露天堆放的固体废物会因有机成分的分解产生有刺激性气味的气体，形成恶臭；固体废物在焚烧过程中会产生粉尘、酸性气体和二噁英等污染大气；垃圾在填埋处置后会产生甲烷、硫化氢等有害气体等。

（4）对土壤环境质量的影响。固体废物及其渗滤液中所含有害物质会改变土壤的性质和结构，对农作物、植物生长产生不利影响。

26. 固体废物对人体健康有哪些影响？

　　固体废物（特别是危险废物）中的有害成分和在贮存、利用、处置不当的条件下新产生的有毒有害物质，可通过地表水、地下水、大气和土壤等环境介质直接或间接被人体吸收，从而对人体健康造成威胁。

　　根据物质的化学特性，当某些物质相混时，可能发生不良反应，包括热反应（燃烧或爆炸）、产生有毒气体（如砷化氢、氰化氢、氯气、硫化氢等）和产生可燃性气体（如氢气、乙炔等）。另外，若人体皮肤与废强酸或废强碱接触，将发生烧灼性腐蚀作用。若误吸收一定量农药，将引起急性中毒，出现呕吐、头晕等症状。贮存化学物品的空容器，若未经适当处理或管理不善，会引发严重中毒事件。

27. 国外发生过哪些值得借鉴的典型固体废物污染事件？

腊芙运河事件：1943—1953年，美国尼加拉市一条废弃运河被某公司买下后填埋处置了大量化学废物。数十年后，当地居民多发癌症、呼吸道疾病、流产等，地面还有黑色液体渗出。

密苏里州事件：20世纪70年代，美国密苏里州将混有四氯二苯二噁英的淤泥废渣当做沥青铺路，造成多处污染。导致牲畜大批死亡，居民受到多种疾病折磨。

印度尼西亚万隆事件：2005年2月21日，印度尼西亚万隆的大雨使某处垃圾填埋场中10 m高的垃圾山崩塌，造成40人死亡、10人重伤、109人失踪。

28. 固体废物处理不当对土壤环境有哪些危害？

　　堆放的固体废物会占用大片土地，同时经受风吹日晒雨淋的侵蚀，有害物质挥发和溶出，会杀灭土壤中担负着碳循环和氮循环任务的部分微生物，使土壤丧失腐解能力，严重时导致寸草不生和荒漠化。固体废物中的重金属、持久性有机污染物在进入土壤之后，还可能在土壤和植物中富集浓缩，并通过食物链危害人体健康。

29. 固体废物处理不当对水环境有哪些污染？

　　随意堆放的固体废物中的有害物质一部分会随着天然降水和地表径流流入或者随风迁移进入河流湖泊，污染地表水体；还有一部分可能渗滤到土壤中，进入地下水。例如，部分不规范垃圾填埋场的地下水色度和部分重金属含量及大肠杆菌数等指标都严重超标。将固体废物直接倾倒于河流、湖泊或海洋，会导致河床淤塞、水面减小，影响水利工程设施的运转，其中的有害物质会造成大范围的水体污染。

30.固体废物处理不当会导致哪些空气污染？

固体废物随意堆放时，其中的细微颗粒会随着大风飞扬，对大气环境造成污染。研究表明：当风力在 4 级以上时，粒径小于 1.5cm 的粉末就会被风刮起，其扬尘高度可达 20 ~ 50m，在大风季节可使可见度降低 30% ~ 70%。另外，堆积的固体废物由于微生物作用会产生甲烷、氨气、硫化氢等有害气体，并带有恶臭。

固体废物在不当运输和处理过程中，也会产生粉尘和有害气体，比如，二噁英、多环芳烃、甲烷、二氧化硫等，如不采取净化措施，将对大气造成污染。

31. 医疗废物处理不当对环境和健康有哪些危害？

医疗废物可分为感染性废物、病理性废物、损伤性废物、药物性废物、化学性废物五类。医疗废物如果处理不当，一旦进入环境，将导致非常严重的后果。例如，感染性废物、化学性废物和药物性废物会迅速对人体和生态环境产生直接影响，如感染疾病、生物中毒、物体腐蚀、燃烧爆炸等；病理性废物和损伤性废物也容易孳生病菌，导致疾病发生。

32. 电子废物处理不当对环境有哪些危害？

电子废物对环境的影响主要是由于其中含有有毒有害成分，如铅、汞、铬、镉、砷、溴化阻燃剂和其他有害物质。电子废物中还含有金、银、钯、铜等有价金属，为了回收这些金属，电子废物不恰当的回收利用，会产生很多含有重金属的废液，以及含有铅和持久性有机污染物的废气，严重污染当地环境。

33. 废弃荧光灯管处理不当对环境有哪些危害？

　　废弃荧光灯管是指生产、销售及使用过程中产生的废含汞荧光灯管，我国将其列入《国家危险废物名录》（HW29 含汞废物）。汞在常温常压下以液态存在并可挥发，汞蒸气有剧毒，汞可以通过食物链富集。汞可以通过空气、水体以及食物 3 个途径传播，使人群中毒。如果荧光灯管破损或废弃后处理不当，其中的有害元素汞很可能会对环境和人体造成危害，成为可怕的生态杀手。

34. 铅蓄电池处理不当对环境有哪些危害？

铅蓄电池的污染物主要为生产环节和回收加工过程中产生的含铅废电解液、冶炼废渣、含铅烟尘等，如处置和防护不当，会对工作人员产生很大危害。废铅蓄电池拆解时产生的废电解液中含有硫酸、硫酸铅等，采用落后方法回收铅蓄电池，会导致废液随意进入环境，

冶炼加工过程会产生大量的含铅烟尘或重金属废水，造成严重的环境污染，如我国近年来多次发生的"血铅事件"。

35. 畜禽粪便处理不当对环境有哪些危害？

目前，我国畜牧业产值已占农业总产值的34%，畜牧业发展快的地区，畜牧业收入已占到农民收入的40%以上。随着畜牧业发展，畜禽粪便问题也越来越严重，畜禽粪便中含有的病原微生物易诱发人畜共患疾病，而且还会散发出气味难闻，甚至有毒、可燃的气体，如硫化氢、甲烷等。畜禽粪便中的氮、磷进入水体后，可导致水体富营养化。如果畜禽粪便的浸沥液流入土壤污染地下水，会严重影响饮用水水源，对人类赖以生存的环境造成影响。

36. 农作物秸秆处理不当对环境有哪些危害？

农作物秸秆主要是指小麦、水稻、玉米、棉花等农作物收获后的残余物，是一种宝贵的生物质能源。然而农作物秸秆如果不能实现综合利用，就会成为社会负担，对环境造成负面影响。

我国每年的农作物秸秆产生量超过8亿t，相当一部分秸秆被弃置或是在田间直接燃烧，燃烧不仅污染大气，产生很多有毒有害气体，影响身体健康，而且容易引发火灾、造成灰霾，导致能见度降低和交通事故发生。

37. 建筑废物处理不当对环境有哪些危害？

建筑废物指的是在人们从事拆迁、建设、装修、修缮等建筑业的生产活动中产生的渣土、废旧混凝土、废旧砖石及其他废物的统称。我国在2011年可推算的建筑废物产生总量为 21 亿～ 28 亿 t。建筑废物的堆放具有随意性，容易坍塌，有很大的安全隐患；建筑废物因为原建筑中一些难以拆除或者遗留在原建筑中的有毒有害物品，而具有潜在的环境风险，如石棉、涂料、油漆等。建筑垃圾量大，占用大量土地，影响生态景观。

38. 矿山固体废物处理不当对环境有哪些危害？

矿山固体废物是在采矿和选矿过程中产生的没有工业价值的矿物，例如尾矿、废石以及煤矸石等。这些废物通常都含有重金属等污染物。另外，

还会有选矿过程加入的一些表面活性剂、酸或者碱等危害环境的成分。有些矿山固体废物还有一定的放射性。它们通常会堆在矿场附近，既侵占良田，又在长期的风化及雨水的淋洗下，使周边的地下水质变坏，特别是酸性水或含有重金属的污水，污染周边环境。

39.工业废渣处理不当对环境有哪些危害？

工业废渣是指工业生产过程中排出的固体或泥状废物。工业废渣排出量大，种类繁多，成分复杂，有的有毒性，有的有腐蚀性，有的能传染疾病，有的易燃易爆。工业废渣长期堆存不仅占用土地资源，而且会造成严重的大气污染、土壤污染和水污染，危害自然环境和人类健康。

例如，工业废渣中的铬渣，含有水溶性六价铬，具有较强的致癌和致突变特性。铬渣露天堆放，受雨雪淋浸，所含的六价铬就会被溶出渗入地下水或进入河流、湖泊中污染环境，容易造成更大规模的危害。再如，工业废渣中的发酵制药废渣，排出量大，组成复杂，涉及的有毒有害物质种类多，在未经处理的情况下，会对环境造成新的污染。特别是当发酵制药废渣作为动物饲料和肥料时，容易引起有害菌耐药性问题，存在各种安全隐患。

40. 废油有哪些危害？

废油中含有大量对人体有害的物质，如有致癌性的多环芳烃、多氯联苯以及各种重金属超微粒子等，废油燃烧会产生大量的二噁英、硫磷有机化合物等有害物质，有可能通过各种渠道危害人类。废油直接排放造成资源浪费，水和土壤受到污染，生态环境遭到破坏。特别是废油对地下水的污染可长达百年之久，微量的矿物油会阻碍植物的生长及毒害水生生物。

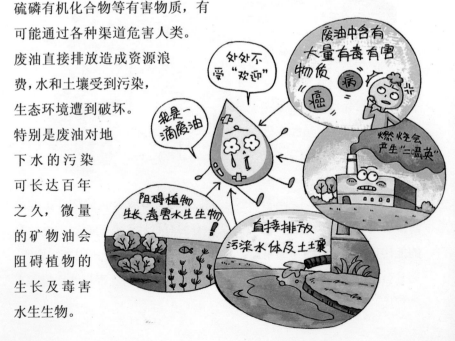

41. 污泥有哪些危害？

　　污泥可分为自来水厂的污泥、生活污水处理厂的污泥和工业废水处理站（厂）的污泥。因其来源不同，成分有很大差别，危害程度也不同，其中以工业废水处理的污泥危害最大，如含重金属、有机污染物和病原物等。污泥长期暴露在环境中，重金属元素会逐渐释放进入环境介质，进而影响环境安全与人体健康。污泥中含有的多环芳烃、多氯联苯等有机污染物具有生物放大效应，并有"三致"（致癌、致畸、致突变）作用。污泥中已确认的病原物，至少有24种细菌、7种病毒、5种原生动物和6种寄生虫，这些都可能对人类或其他生物健康产生危害或引起疾病。同时，在适宜条件下，污泥中易分解或腐化的成分会释放大量气味难闻且有毒有害的气体，污染大气环境，还会孳生蚊蝇传播各种疾病，使周围环境变得恶劣，影响感观和景观。

42. 焚烧烟气和除尘灰有哪些危害?

焚烧能够最大限度地实现固体废物的减量化、无害化、资源化,而且占用土地最少,具有很好的应用前景。但焚烧产生的废烟气如不能有效处理将带来严重的环境问题,因为其烟气中含有酸性气体、重金属、二噁英等成分。其中,危害严重的是二噁英污染。二噁英被世界卫生组织定为一级致癌物质,对人体有极大的危害,被称为"世纪之毒"。处理烟气系统中在除尘装置中捕获的飞灰称为焚烧飞灰即除尘灰。除尘灰(飞灰)成分复杂,含有重金属、二噁英,属于危险废物。

第三部分

固体废物的全过程管理

43. 什么是固体废物的全过程管理？

固体废物从产生、贮存、转移、利用、处置等全过程均存在污染环境的风险，固体废物全过程管理是指在固体废物的产生、收集、贮存、运输、利用、处置等全过

程的各个环节进行监管，制定明晰的固体废物管理策略和适合实际情况的固体废物处理处置技术路线，防止固体废物对环境产生一次污染和二次污染。

44. 固体废物全过程管理的目标是什么？

固体废物全过程管理的目标是实现固体废物的减量化、资源化、无害化。固体废物来源广泛、种类众多，其中包括医疗废物在内的危险废物对环境的危害大，

通过实施全过程管理，避免或减少固体废物从产生到处置全生命周期对环境的负面影响。

45. 什么是"3R"原则?

"3R"是指减量化（Reduce）、再使用（Reuse）、再循环（Recycle）。应用在固体废物领域，其含义是指减少固体废物产生、再使用固体废物、循环利用固体废物。

46. 固体废物的源头减量化的方法有哪些?

在工业生产领域，可以通过实施清洁生产、开展产品生态设计等活动，从源头尽量减少固体废物产生量；在社会生活领域，可以通过改变生活习惯和消费模式实现这个目的，如购物时多使用菜篮子、布袋子，尽量减少购买过度包装商品。

47. 固体废物分类收集有什么好处？

固体废物来源广泛、种类繁杂，不同种类的固体废物所对应的环境管理要求和处理处置技术不尽相同，分类收集固体废物有利于减少处理量、便于回收利用，并能最大限度地减少环境污染。以生活垃圾为例，将其中的厨余垃圾单独分类收集，能够实现干湿分离，厨余垃圾可用于生物处理，而塑料、金属、玻璃、纸张等更容易分拣再利用。

48. 我国对固体废物的运输有哪些要求？

不同类别的固体废物，其运输管理要求也不同。

从事城市生活垃圾经营性清扫、收集、运输的企业，应当取得城市生活垃圾经营性清扫、收集、运输服务许可证。垃圾运输单位应具有合法的道路运输经营许可证、车辆行驶证，应当采用全密闭自动卸载车辆或船只，具有防臭味扩散、防遗撒、防渗沥液滴漏功能，安装行驶及装卸记录仪。

运输危险废物，必须采取防止污染环境的措施，并遵守国家有关危险货物运输管理的规定，即必须具备危险货物运输资质。危险废物的运输还应遵守《危险废物收集、贮存、运输技术规范》。运输单位承运危险废物时，应按照规定在危险废物包装和运输车辆上设置标识。

49. 我国对进口可用作原料的固体废物有什么要求？

随着我国经济社会发展对资源和原材料的需求逐步增大，为弥补国内资源的不足、减少对原生资源的消耗、降低污染排放，我国允许进口可用作原料的固体废物（以下简称"进口废料"）进行再生利用。

我国针对进口废料的环境管理建立了一系列制度要求。

一是建立并实施了严格的控制管理制度。国家相关部门陆续颁布了《进口可用作原料的固体废物环境保护控制标准（试行）》《进口可用作原料的固体废物环境保护管理规定》《固体废物进口管理办法》《进口可用作原料的固体废物风险监管指南》和进口废钢铁、废船、废光盘、废 PET 饮料瓶砖、硅废碎料、废塑料等专项环境保护管理规定等部门规章及进口固体废物分类管理目录等一系列配套政策和文件。

二是不断完善部门全过程管理体系。环境保护部负责废料进口申请的审批；检验检疫部门负责进口废料的检验，所以进口废料应符合国家环境保护标准；检验检疫部门还实行了装船前检验制度。2011年年底，环境保护部、海关总署和质检总局联合建立了固体废物进口管理和执法信息沟通与共享机制，加大了联合监管力度。

三是建立预防和打击固体废物非法转移国际合作机制。环境保护部与欧盟主管部门建立了防范固体废物非法越境转移的信息交换工作机制，与中国香港环境保护署建立了年度"内港两地废物转移工作层面会议"制度，与日本环境省建立了"中日废物进出口管理跨部工作组会议"制度。

50. 危险废物主要包括哪些类别？

危险废物的鉴别采取危险废物名录与危险特性鉴别标准相结合的方法。即列入《国家危险废物名录》的废物，属于危险废物；不在《国家危险废物名录》内的

废物，经危险废物鉴别标准鉴定，具有危险特性的，也属于危险废物。《国家危险废物名录》共包括 49 大类。

51. 危险废物管理的基本制度有哪些？

我国已经建立了危险废物全过程管理体系。危险废物产生单位应执行申报登记制度，如实申报危险废物的种类、产生量、去向、贮存、处置等有关信息；危险废物转移应执行转移联单制度；从事收集、贮存、处置危险废物经营活动的，必须申领危险废物经营许可证。

52. 我国对危险废物出口有什么规定？

我国作为《控制危险废物越境转移及其处置巴塞尔公约》（以下简称《巴塞尔公约》）缔约方之一，一直严格按照公约要求履行危险废物出口程序。2007 年，国家环境保护总局发布了《危险废物出口核准管理办法》（以下简称《办法》）。

《办法》规定，在我国境内产生的危险废物应当尽量在境内进行无害化处置，减少出口量，降低危险废物出口转移的环境风险。禁止向《巴塞尔公约》非缔约方出口危险废物。向中华人民共和国境外

《巴塞尔公约》缔约方出口危险废物，必须取得危险废物出口核准。

《办法》的出台，增强了我国危险废物和其他废物出口管理的规范性和科学性，有力地推动了我国《巴塞尔公约》的履约工作，维护了危险废物出口者的合法权益，也使得我国危险废物全过程管理的法规体系得到进一步完善。

53. 我国对固体废物的贮存有哪些要求？

固体废物的贮存应以环境安全为第一原则，确保不对周边环境造成不利影响。

建设工业固体废物贮存、处置的设施、场所，必须符合《一般工业固体废物贮存、处置场污染控制标准》（GB 18599—2001）。

收集、贮存危险废物，必须按照危险废物特性分类进行。禁止混合收集、贮存、运输、处置性质不相容而未经安全性处置的危险废物。贮存危险废物必须符合《危险废物贮存污染控制标准》（GB 18597—2001），并不得超过一年；确需延长期限的，必须报经原批准经营许可证的环境保护主管部门批准。禁止将危险废物混入非危险废物中贮存。

54. 我国对固体废物的处理处置资质有哪些要求？

　　从事城市生活垃圾经营性处置的企业，应当向所在地直辖市、市、县人民政府建设（环境卫生）主管部门取得城市生活垃圾经营性处置服务许可证。直辖市、市、县建设（环境卫生）主管部门应当通过招投标等公平竞争方式做出城市生活垃圾经营性处置许可的决定，向中标人颁发城市生活垃圾经营性处置服务许可证。直辖市、市、县建设（环境卫生）主管部门应当与中标人签订城市生活垃圾处置经营协议，明确约定经营期限、服务标准等内容，并作为城市生活垃圾经营性处置服务许可证的附件。

　　从事收集、贮存、处置危险废物经营活动的单位，必须依法领取危险废物经营许可证。危险废物经营许可证实行分级分类管理。危险废物经营许可证按照经营方式，分为危险废物收集、贮存、处置综合经营许可证和危险废物收集经营许可证。国务院环境保护主管部门审批颁发以下几类危险废物经营许可证：①年焚烧 1 万 t 以上危险废物的；②处置含多氯联苯、汞等对环境和人体健康威胁极大的危险废物的；③利用列入国家危险废物处置设施建设规划的综合性集中处置设施处置危险废物的。医疗废物集中处置单位的危险废物经营许可证，由医疗废物集中处置设施所在地设区的市级人民政府环境保护主管部门审批颁发。危险废物收集经营许可证，由县级人民政府环境保护主管部门审批颁发。上述规定之外的危险废物经营许可证，由省、自治区、直辖市人民政府环境保护主管部门审批颁发。

55. 我国固体废物资源化有哪些鼓励措施和经济手段？

《中华人民共和国固体废物污染环境防治法》（以下简称《固体废物污染环境防治法》）规定，国家采取有利于固体废物综合利用活动的经济、技术政策和措施，对固体废物实行充分回收和合理利用。

　　列入《产业结构调整指导目录》（鼓励类）的固体废物资源化项目，可以在项目审批、投资贷款、税收等方面享受一系列优惠政策。此外，财政部、国家税务总局等部门还出台相关规定，固体废物资源综合利用产品可以享受营业税、增值税等方面的减免政策。

　　列入《资源综合利用企业所得税优惠目录》的综合利用产品，符合一定标准后可享受企业所得税优惠政策。

56. 固体废物管理的政策法规主要有哪些？

我国围绕《固体废物污染环境防治法》先后出台了多项政策法规

《固体废物污染环境防治法》
《医疗废物管理条例》
《废弃电器电子产品回收处理管理条例》
《国家危险废物名录》
《危险废物转移联单管理办法》
《危险废物出口核准管理办法》
《固体废物进口管理办法》
《电子信息产品污染控制管理办法》
《电子废物污染环境防治管理办法》
《废弃电器电子产品处理资格许可管理办法》《再生资源回收管理办法》

我国围绕《固体废物污染环境防治法》，先后出台了《医疗废物管理条例》《危险废物经营许可证管理办法》《废弃电器电子产品回收处理管理条例》等3项法规和《国家危险废物名录》《危险废物转移联单管理办法》《危险废物出口核准管理办法》《固体废物进口管理办法》《电子信息产品污染控制管理办法》《电子废物污染环境防治管理办法》《废弃电器电子产品处理资格许可管理办法》《再生资源回收管理办法》等多项部门规章。

此外，还针对危险废物、医疗废物、废弃电器电子产品、进口废物出台了大量的政策文件及标准规范，促进了法律法规的落实。

57. 现行《固体废物污染环境防治法》主要有哪些变动？

现行的《固体废物污染环境防治法》于2004年完成修订，并自2005年开始实施。修订后的《固体废物污染环境防治法》共六章九十一条。这次《固体废物污染环境防治法》修改的内容主要有：

（1）确立国家对固体废物污染环境防治实行污染者依法负责的原则，并明确产品的生产者、销售者、进口者、

使用者对其产生的固体废物依法承担污染防治责任（第五条）。

（2）增加国家促进循环经济，鼓励购买、使用可再生产品和可重复利用产品的内容（第三条、第七条）。

（3）针对一些产品存在过度包装的问题，明确制定有关标准，防止过度包装造成环境污染（第十八条）。

（4）增加了对农业和农村的固体废物污染防治的规定（第二十条、第三十八条、第四十四条、第四十九条）。

（5）完善了固体废物的进口分类管理规定（第二十五条、第二十六条）。

（6）明确了产生固体废物的单位在发生变更、终止时的污染防治责任（第三十五条）。

（7）加强和完善了管理危险废物的措施（第五十三条、第五十四条、第五十七条、第五十八条、第六十四条、第六十五条）。

（8）完善了相关法律责任的规定。对一些违法行为加大了行政处罚力度，将严重污染环境的限期治理决定权赋予环保部门，增加环境污染损害赔偿诉讼中举证责任倒置、法律援助、环境监测机构提供监测数据等方面的规定。

58.固体废物的监督管理部门有哪些？

涉及固体废物管理的部门主要有环境保护部、国家发展改革委、住房和城乡建设部、工业和信息化部、商务部、农业部、卫生部等。

环境保护部对全国固体废物污染环境的防治工作实施统一监督管理。

国家发展改革委主要负责资源综合利用和循环经济工作。

　　住房和城乡建设部主要负责生活垃圾清扫、收集、贮存、运输和处置的监督管理工作。

　　工业和信息化部主要负责工业、通信业的能源节约和资源综合利用、清洁生产相关工作。

　　商务部主要负责再生资源的回收工作。

　　农业部主要负责农村固体废物的管理工作。

　　卫生部主要负责医疗废物产生机构的管理工作。

第四部分
固体废物的综合利用

59. 为什么说固体废物也是资源？

　　固体废物的"废物属性"是人的主观属性，具有相对性。在某些人眼中是固体废物的物质在另一些人眼中可能是资源；在某一地区是固体废物的物质在其他地区可能具有很高的利用价值；今天是固体废物，明天也许是资源；某一生产过程产生的固体废物，往往可以成为另一生产过程的原料。例如，厨余垃圾可以生产燃气和肥料；废纸、废塑料、废家具、废家用电器等经过回收加工后，可以循环利用；粉煤灰经过处理后可用于生产建筑材料；有些热值较高的固体废物可以作为生产过程中的燃料使用。所以，固体废物具有很强的空间和时间属性，具有相对性，也有"放错位置的资源"之称。

60. 固体废物有哪些综合利用途径？

　　由于能源和资源短缺，以及对环境问题认识的逐步加深，固体废物综合利用越来越引起重视，其综合利用途径主要包括以下几种：

（1）提取有价值的组分。例如，从金属冶炼渣中提取铜、铁、金、银等有价金属；从粉煤灰中提取玻璃微珠；从煤矸石中回收硫铁矿。

（2）回收各种有用物质。例如，纸张、玻璃、金属、塑料等固体废物的再生利用。

（3）生产建筑材料。例如，高炉渣、粉煤灰、煤矸石、废旧塑料、污泥、尾矿、建筑废物等都可以用于生产建筑材料，包括轻质骨料、隔热保温材料、装饰板材、防水卷材及涂料、生化纤维板、再生混凝土等。

（4）替代生产原料。例如，以粉煤灰、煤矸石、赤泥等为原料生产水泥；用铬渣代替石灰石作炼铁熔剂等。

（5）回收能源。热值很高且燃烧产物无害的固体废物，具有潜在的能量，可以充分利用。例如，热值高的固体废物通过焚烧供热、发电；利用餐厨垃圾、植物秸秆、人畜粪便、污泥等经过发酵可生成可燃性的沼气。

61. 城市生活垃圾是如何资源化利用的？

　　城市生活垃圾首先通过分拣，可以回收塑料、橡胶、纸张、玻璃、金属等有用资源；然后经过破碎至合适的粒径，利用风选、磁选等技术进一步分类回收有用资源。分选之后的不同组分可分别用于堆肥、产沼、生产衍生燃料，或焚烧发电回收热能。资源利用过程中产生的废气和废水，须经过处理达到相关标准后排放，废渣可用作建筑材料、道路用材等，无法进行再利用的废渣进行填埋处置。

62. 电子废物的回收利用方法有哪些？

　　废弃电视机、冰箱、洗衣机、空调、电脑、手机等电子废物首先应通过拆解，将大宗物料进行分离，然后分别进行回收。

（1）金属回收，例如采用火法冶金提取电子废物中的金、银等贵金属，或者采取磁性分选回收电子废物中的铁。

（2）塑料回收，例如加工分离后的塑料制取新产品，或将废塑料直接焚烧或与其他物质共同焚烧回收能量。

（3）玻璃回收，例如利用废显示器玻璃制造新的阴极射线管，或者将电子产品中的玻璃用于其他生产。

63. 报废机动车的回收利用方法有哪些？

机动车使用达到一定期限，必然导致零部件的磨损、老化乃至材料疲劳，从技术性和安全性角度考虑，应当及时报废。2012年12月，商务部等部委联合发布了《机动车强制报废标准规定》，明确提出根据机动车使用和安全技术、排放检验状况，国家对达到报废标准的机动车实施强制报废。

报废机动车包括报废的汽车、摩托车、三轮汽车、低速载货汽车、电动车和各种工程车辆，以及进口可用作原料的废汽车压件。

报废机动车通过拆解和再生过程，拆解的"五大组成"（发动机、方向盘、变速器、前后桥、车架）等零配件经检验合格的可以再利用，其余部分可作为冶金、化工等行业的原材料；各种残存油品，可采用加温、离心分离过滤处理，生产再生油。

64. 废旧办公及通信设备的回收利用方法有哪些？

废旧办公及通信设备的回收利用方法主要包括以下几种：

（1）部分回收零配件由原生产厂家直接应用到新组装的产品中。根据各类办公及通信设备的特点，回收的零配件可以在新产品生产的多个环节和层次上再次使用。

　　（2）废旧办公及通信设备整个产品的回收和处理。例如，废旧手机拆解成6类材料，包括塑料、印刷电路板、显示器、电池、电线和其他金属部件等。回收后的材料可以重新在不同行业中使用，例如，塑料可以生产再生塑料或作为燃料，电路板中的金、银、铂、铜、铅、锌等金属可以进行提取回收。

65. 废电池的资源化技术有哪些？

废电池中含有大量的可再生资源，废电池的资源化技术包括以下几种：

（1）火法处理。将废电池破碎后采用高温处理（包括真空热处理），使金属及其化合物发生氧化、还原或分解等过程以回收有价资源，如回收汞、锌、铁、锰、镍、钴等金属。

（2）湿法处理。将废电池破碎后溶解于酸中，然后提取各种金属。

66. 废塑料的综合利用方法有哪些？

废塑料的综合利用方法主要包括以下几种：

（1）直接再生。将废旧塑料分类、破碎后直接用于成型加工塑料制品。

（2）改性再生。通过物理或化学改性，改善或提高其性能，然后再制成塑料制品。

（3）热能利用。无法回收利用的混杂废旧塑料，可作为燃料以回收其热能，同时应控制其二次污染。

67. 废纸是如何再生利用的？

2011 年，我国废纸综合利用量约 7 015 万 t，综合利用率达 71.2%。其中，国内废纸回收量 4 347 万 t，进口各类废纸 2 668 万 t。我国国内废纸回收率由 2001 年的 27.2% 提高到 2011 年的 44%，回收量从 1 002 万 t 提高到 4 347 万 t，利用量由 1 638 万 t 提高到 7 015 万 t。

①制造再生纸

②用作包装材料

③用作燃料

废纸的再生利用技术主要包括以下几种：

（1）制造再生纸。制造再生纸是废纸的最广泛利用途径。将废纸经过脱墨、纸纤维的净化、吸走油墨及杂质和造纸这四道工序，即可生产出与新纸用途一样的再生纸。

（2）用作包装材料。代替泡沫塑料作为缓冲包装材料。例如，利用 100% 废纸制作蛋托，以及家用电器、瓷器等的包装材料。

（3）用作燃料。废纸的燃烧值比较高，所含硫化物较低，因此，一些低品质及不适合回用的废纸可作为燃料使用。

68. 高炉渣的综合利用方法有哪些？

高炉渣是冶炼生铁时从高炉中排出的漂浮在铁水表面的副产物，可分为水淬渣、膨胀渣和重高炉渣，其综合利用方法包括：用作生产水泥的原料、混凝土的骨料、人工地基、筑路材料；也可以生产免烧砖、空心砌块、高炉渣微晶玻璃、釉面砖、长纤维玻璃、矿渣刨花板等。

69. 钢渣的综合利用方法有哪些？

钢渣是炼钢过程中从转炉、电炉等炼钢炉中排出的，由炉料杂质、造渣材料等熔化形成的渣。钢渣的综合利用方法包括以下几种：

（1）在冶金领域的应用。例如，回收废钢铁；作为配料和烧结原料，作脱硫剂。

（2）在建筑领域的应用。例如，作为水泥生产的原材料，作为混凝土掺合料生产地面砖和钢渣砌块，作为修筑公路、铁路的基础物料。

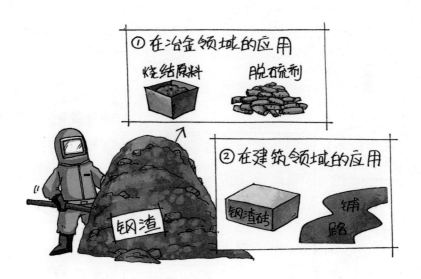

70. 有色冶金渣的综合利用方法有哪些？

有色冶金渣是指提取铜、铅、锌、锑、锡、镍等有色金属冶炼过程中所产生的渣。有色冶金渣的综合利用方法包括以下几种：

（1）提取有价金属。主要采取选矿、火法冶炼和湿法冶炼等技术提取铜、铅、锌、锑、锡、镍等有色金属。

（2）用作水泥生产原料。例如，作为水泥生产中的石灰质原料、校正原料及矿化剂等制备各种水泥。

（3）用作墙体材料。例如，可以作为生产砖、砌块等墙体材料的原料；以金属镁渣为胶集料配制空心砌块。

（4）用作路基材料。例如，解毒后固化稳定化后的铬渣可用作道路基层材料。

（5）用作采矿井下填充材料。不产生二次污染的有色冶金固体废物可充填采矿过程中形成的地下空区。

（6）用作玻璃生产材料。例如，生产矿渣微晶玻璃，铬渣作玻璃着色剂。

71. 粉煤灰和煤渣的综合利用方法有哪些？

粉煤灰是指燃煤锅炉产生的烟尘经除尘器收捕下来的细灰。粉煤灰综合利用的方法主要包括以下几种：

（1）用作井下回填和充填矿井塌陷区。粉煤灰填方造地是综合利用最直接有效的方式。

（2）用于筑路工程。例如，用于建设公路路堤。

（3）用作建筑材料。例如，配制粉煤灰水泥、粉煤灰混凝土、粉煤灰烧结砖、粉煤灰砖砌块、粉煤灰陶粒、微晶玻璃等。

（4）提取氧化铝。

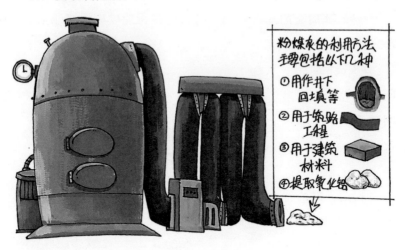

煤渣是火力发电厂、工业和民用锅炉及其他设备燃煤排出的废渣，又称炉渣，主要成分是二氧化硅、氧化铝、氧化铁、氧化钙、氧化镁等。煤渣综合利用途径主要包括：制造砌筑砂浆和墙体材料，作水泥混合材料，作混凝土轻骨料，作筑路材料等。

72. 化学工业废渣的综合利用方法有哪些？

化学工业废渣是指化学工业生产过程中排出的各种工业废渣。其现有的综合利用方法主要是从废渣中提取有用物质，或者利用废渣生产水泥、砖等建材产品。例如：

（1）磷石膏的综合利用。磷石膏是硫酸分解磷矿、湿法萃取磷酸生产过程中产生的副产品，可制备水泥缓凝剂、生产石膏制品和其他建材。

（2）铬渣的综合利用。铬渣是铬冶炼过程中产生的废渣，可用作制造微晶玻璃等。

（3）硫酸渣的综合利用。硫酸渣是指硫铁矿煅烧制酸产出的渣，可以制矿渣砖、磁选铁精矿、回收有色金属、制铁系颜料、制水泥。

（4）碱渣的综合利用。碱渣是氨碱法制碱过程中排放的废渣，碱渣可制水泥、作建筑胶凝材料。

73. 尾矿的综合利用方法有哪些？

尾矿是指矿石在选矿厂经分选后，剩余有用成分含量较低或暂时无法利用而堆存的固体废物。尾矿的综合利用方法主要有下列几种：

（1）回收有用组分。多数选矿厂受早期技术条件所限，某些有用组分都或多或少残留在尾矿中，在技术经济条件可行的情况下，可做到有用组分的综合回收和利用，如铜尾矿回收钼，金尾矿回收铅、锌和硫，铁尾矿再选回收铁，钨尾矿回收萤石。

（2）作采矿采空区或塌陷区的充填料。尾矿作充填料是直接大量利用尾矿的有效途径之一。

（3）生产建材。将尾矿中的非金属矿物及金属矿物作为生产水泥、铸石、微晶玻璃、陶瓷、筑路材料的原料等。

（4）在尾矿堆积场覆土造地，种植植被。

74. 建筑废物的综合利用方法有哪些？

建筑废物是指建设、施工单位或个人对各类建筑物、构筑物、管网等进行建设、铺设、拆除、拆迁、修缮及居民装饰房屋过程中所产生的固体废物。其综合利用方法包括以下几种：

（1）废有色金属材料和废钢材的再生利用。例如，作为再生建材重新利用；重新回炉后再锻造加工制造成各种规格、各种形式的有色金属材料和钢材。

（2）废混凝土的再生利用。例如，制成各种粒径的粗细骨料；生产再生混凝土；烧结生产多孔轻质材料等。

（3）废旧木材的再生利用。例如，制造木质人造板、细木工板、木炭、木醋液、木煤气；制浆；造纸；生产氨基木材；作为造纸原料或作为燃料使用。

（4）废旧玻璃的再生利用。例如，废玻璃经回炉熔化后可拉成不同规格的玻璃纤维，用于制作玻璃布，或用于配制建筑涂料、水泥瓦骨料等。

（5）废旧砖、瓦、砌块的再生利用。例如，直接用于墙体结构材料；生产混凝土砌块；替代骨料，配制再生轻集料混凝土、耐热混凝土；用于道路基层，夯实后作路基。

75. 农业秸秆的综合利用方法有哪些？

农业秸秆的综合利用方法有下列几种：

（1）饲料化利用。例如，作家畜饲料；作基料培养食用菌；培养蚯蚓。

（2）肥料化利用。秸秆还田是农作物秸秆肥料化利用的主要途径之一，是改善土壤理化性状，培养土壤肥力的一项重要措施。秸秆还田的主要方式包括机械直接还田、覆盖还田、堆沤腐熟还田和过腹还田。

（3）能源化利用。秸秆能源化利用包括

燃烧发电、热解气化、成型制炭、发酵制沼气。秸秆燃烧后的草木灰和制气产生的沼渣可以还田作肥料，沼液喂猪或养鱼。

（4）材料化利用。例如，作为造纸制浆原料；生产轻型建材替代木材和黏土砖；制成可降解包装缓冲材料。

76. 生活垃圾焚烧残渣的综合利用方法有哪些？

焚烧可以大大减少生活垃圾最终处置的量（可以减少高达 90%以上的体积和 80% 以上的质量）。我国将焚烧灰渣分为底渣和飞灰。飞灰属于危险废物，应按照危险废物进行处置，如安全填埋；底渣属于一般废物，可以进行综合利用，其综合利用方法有下列几种：

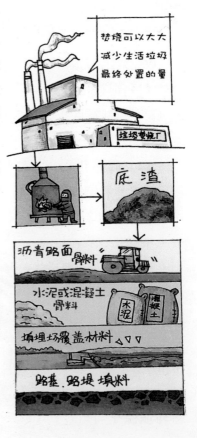

（1）沥青路面的替代骨料。焚烧底渣与其他骨料相混合，用作沥青路面的混合物。

（2）水泥或混凝土的替代骨料。焚烧底渣可以作为普通质量的集料，最常见的是将焚烧底渣、水、水泥及其他骨料按一定比例制成混凝土或混凝土砖。

（3）填埋场覆盖材料。

（4）路基、路堤等的建筑填料。

第五部分

固体废物的处理技术

77. 固体废物的处理方式有哪些？

固体废物的处理涉及物理学、化学、生物学、机械工程等多个学科，主要处理方式包括以下三个方面：

（1）物理处理：在对固体废物进行综合利用和最终处置之前，往往需要进行物理处理，包括压实、破碎、分选、脱水、浸出、固化等。

（2）化学处理：使固体废物中有用物质转化为能源的焚烧、热解等高温处理过程，如垃圾焚烧发电，秸秆热解制气；废酸、废碱的中和处理；焚烧飞灰的稳定化处理。

（3）生物处理：利用微生物（细菌、真菌、放线菌）、动物

（蚯蚓等）或植物的生物化学作用处理固体废物，将复杂有机物分解为简单物质，将有害物质转化为无害物质。常见的方法有好氧堆肥、厌氧消化、饲养蚯蚓等。

78. 为什么有些固体废物要进行预处理？

固体废物多种多样，其形状、大小、结构和性质相差很大，为了便于对其进行合适的资源回收利用和处理处置，通常需要破碎、分选等处理以实现不同类别的废物回收利用。对于采用焚烧和堆肥处理的废物，破碎成一定的粒度后有利于焚烧，也利于堆肥化的反应速度。对于要填埋的废物，通常要把废物按一定方式压实，这样它们在运输过程中可以减少运输量，减少占据的填埋空间，降低处理成本。

79. 什么是固体废物的能源利用技术？

固体废物的能源利用技术主要包括以下几类：

（1）焚烧：以产生热能、蒸汽、电力为目的的燃烧技术。

（2）热解、气化：以制造中低热值燃料气、燃料油和炭黑为目的的热解技术。

（3）气化合成：以制造中低热值燃料气或氨气、甲醇等化学物质为目的的气化热解技术。

（4）液化：以制造重油、煤油、汽油为目的的液化热解技术。

80. 什么是焚烧技术？

固体废物的焚烧处理是可燃性固体废物与空气中的氧在高温下发生燃烧反应，固体废物氧化分解，达到减量化、无害化并回收能源的目的。通过焚烧处理，废物的体积可减少 80% ～ 95%，残余物为化学性质比较稳定的无机质灰渣，焚烧过程中产生的烟气在去除有害气体（如氮氧化物、硫氧化物、持久性有机污染物等）和捕集粉尘达标后方可排放。

81. 什么是热解技术？

热解是一种古老的工业化生产技术，该技术最早应用于煤的干馏，所得到的焦炭产品主要用作冶炼钢铁的燃料。随着现代化工业的发展，该技术的应用范围逐渐得到扩大，被用于重油和煤炭的气化。20 世纪 70 年代初期，世界性石油危机对工业化国家经济的冲击，使得人们逐渐意识到开发再生能源的重要性，热解技术开始用于固体废物的资源化处理。

热解技术具有以下特点：

（1）可以将固体废物中的有机物转化为以燃料气、燃料油和炭黑为主的贮存性能源。

（2）由于是缺氧分解，排气量少，有利于减轻对大气环境的二次污染。

（3）废物中的硫、重金属等有害成分大部分被固定在炭黑中。

（4）对设备要求高、反应速度慢、操作条件控制困难。

（5）热解过程产生的焦油容易附着在管道中，影响生产的稳定性。

热解是一种古老的工业化生产技术

82. 典型的固体废物焚烧系统包括哪些部分？

典型的固体废物焚烧系统应包括前处理系统、进料系统、焚烧系统、助燃系统、余热利用系统、烟气处理系统、灰渣处理系统、废水处理系统、自动控制系统。

83. 焚烧产生的大气污染物有哪些？

焚烧尾气中的主要污染物有：

（1）不完全燃烧产物。是指因燃烧不良而产生的副产品，包括一氧化碳、炭黑、烃、烯、酮、醇、有机酸及聚合物等。

（2）粉尘等颗粒状污染物。包括灰分、惰性金属盐类、金属氧化物和不完全燃烧物质等。

（3）酸性气体。包括氯化氢、卤化氢、硫氧化物、氮氧化物，以及五氧化二磷和磷酸。

（4）重金属污染物。包括铅、汞、铬、镉、砷等的元素态，氧化物及氯化物等。

（5）二噁英。

84. 如何控制固体废物焚烧产生的二噁英？

二噁英类物质的产生需要卤素源（如 PVC、氯气、氯化氢等）、二噁英前驱物，铜、铁等金属物质可加速二噁英的生成。当炉膛温度高于 850℃、烟气停留时间大

于 2s 时，可以有效控制二噁英的生成。在固体废物燃烧过程中，由于燃烧条件的变化可能会导致二噁英的重新生成。如固体废物燃烧不充分时，烟气中存在过多的未燃尽物质，当遇到适量的过渡性金属（如铜等）和适宜的温度范围（200～500℃），容易重新生成二噁英。

减少焚烧二噁英的排放不仅要控制二噁英的生成，还要采取必要措施对烟气进行处理，控制措施包括焚烧前控制、焚烧中控制和焚烧后控制。

焚烧前控制主要是固体废物进入焚烧炉前先进行预处理，分选出铁、铜、镍等金属物质，控制进炉固体废物的卤素含量。

焚烧中控制是指焚烧过程主要使用"3T+E"控制法，即保证焚烧炉出口烟气的足够温度、烟气在燃烧室内停留足够的时间、燃烧过程中适当的湍流和过量的空气。

焚烧后控制包括烟气和飞灰的处理。烟气的处理常采用急冷方式，减少烟气在 200～500℃温度区的滞留时间，以减少二噁英类物质的再次生成。焚烧过程中生成的二噁英在随烟气温度下降的过程中大部分以固态形式吸附在飞灰颗粒表面，小部分仍保留在气相中。通过喷射熟石灰或石灰浆中和酸性气体，喷射活性炭吸附残留的有机污染物，并与布袋除尘系统联合使用，可有效去除烟气中的二噁英。

85. 固体废物焚烧产生的飞灰如何处理？

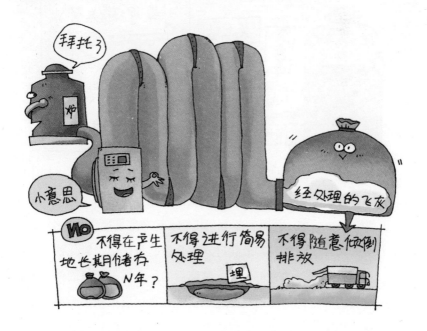

飞灰是烟气净化系统收集的粉尘，含有二噁英及重金属等有害物，属于危险废物，必须单独收集，不得与生活垃圾、焚烧残渣等混合。固体废物焚烧飞灰不得在产生地长期储存，不得进行简易处置，不得随意倾倒排放。固体废物焚烧飞灰需经过固化稳定化处理和经浸出毒性试验合格后，方可进入填埋场填埋或进行综合利用。

86. 焚烧炉渣如何处理？

炉渣主要为固体废物燃烧后的残余物，固体废物在焚烧炉中经高温焚烧，使废物中各种成分得到彻底的氧化、分解和钝化而成为炉渣，组成主要为玻璃、金属和各类无机物。其产生量视废物成分而定，其主要成分为二氧化锰、二氧化硅、氧化钙、氧化铝、氧化铁、废金属，以及少量未燃尽的有机物等，焚烧后的炉渣属于一般固体废物。固体废物焚烧产生的炉渣经过磁选、重选分离出废钢铁等金属后，可用作铺路的垫层、填埋场覆盖层的材料，并可用于制作免烧砖等。

87.什么是固体废物的生物处理？哪些废物适合生物处理？

生物处理是利用自然界中的生物，主要是微生物，将固体废物中的可降解有机物转化为稳定的产物、能源和其他有用物质的一类处理技术。生物处理技术主要包括好氧技术和厌氧技术。好氧生物处理技术以堆肥为代表，最终获得有机肥料；厌氧生物处理技术主要获得沼气等高值产品，用来发电或者替代天然气、燃油使用。

生物处理主要用于处理有机废物，也称生物质废物，主要包括厨余垃圾（剩饭、剩菜、果皮等）、树皮、木屑、农作物秸秆、动物粪便、污泥等。其他垃圾则不适合生物处理：包括塑料制品、玻璃、金属、橡胶、涂料等。

88. 什么是有机废物堆肥化处理技术？

堆肥化是将要堆腐的有机物料与填充料按一定的比例混合，在合适的水分、通气条件下，使微生物繁殖并降解有机质，从而产生高温，杀死其中的病原菌及杂草种子，使有机物达到稳定化。根据处理过程中起作用的微生物对氧气的不同要求，可以把有机废物堆肥处理分为好氧堆肥和厌氧堆肥。好氧堆肥堆体温度高，一般在 $50 \sim 65℃$，故也称为高温堆肥。由于高温堆肥可以最大限度地杀灭病原菌，同时对有机质的降解速度快，因此高温好氧堆肥应用相对较多。

89. 什么是厌氧消化技术？

厌氧消化是指在厌氧微生物的作用下，有控制地使废物中可生物降解的有机物转化为甲烷、二氧化碳和稳定物质的生物化学过程，也称为甲烷发酵。其优点是能将废物中的生物能转化为易于使用、高燃烧值的沼气，不需要通风设备，设施较简单，运行成本低，较为节能，消化后得到的沼渣性质稳定，经检验合格后还可作农肥、饲料等。其缺点是厌氧微生物的生长速度慢，需要较长时间的培养，常规的厌氧消化方法处理效率低，设备体积大，还会产生硫化氢等恶臭、有害气体。

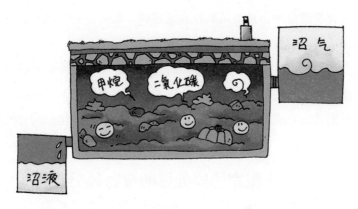

90. 什么是固化/稳定化技术？

　　为了减少废物的毒性和可迁移性，使废物尤其是危险废物中污染组分呈现化学惰性或被包容起来，减少后续处理与处置的潜在危险，同时为了便于运输、利用和处置，常需对危险废物及被危险废物污染的土壤进行固化/稳定化处理。

　　固化是在废物中添加固化剂（固化材料）将其从流体或颗粒物形态转化成满足一定工

程特性的不可流动的固体或形成紧密固体的过程，使其不需容器仍能保持处理后的外形。

稳定化是通过在废物中加入不同的添加剂，以化学或物理的方式减少有害组分的毒性、溶解性和迁移性。最常用的方法是通过降低有害物质的溶解性，减少其因渗滤对环境的影响。

在实际操作中，这两种过程常常同时发生。根据固化基材及固化过程，目前常用的固化／稳定化技术包括水泥固化、石灰固化、塑性材料固化、有机聚合物固化、自胶结固化、玻璃固化和陶瓷固化。

91. 适用于水泥窑协同处置的废物种类有哪些？

水泥窑协同处置之所以能够成为废物的处理方式，主要是因为废物能够为水泥生产所用，可以替代原料或替代燃料的形式参与水泥熟料的煅烧过程，燃烧产生的废气和粉尘通过水泥生产线配备的高效

收尘设备净化后排入大气，收集到的粉尘则循环利用，可达到既生产了水泥熟料又处理了废物，同时减少环境负荷的良好效果。

水泥窑可以处理的废物包括生活垃圾、各种污泥（下水道污泥、造纸厂污泥、河道污泥、污水处理厂污泥等）、工业固体废物（粉煤灰、高炉渣、煤矸石、硅藻土、废石膏等）、危险废物（非卤化废有机溶剂、废矿物油、废油漆、焚烧飞灰等）、各种有机废物（废橡胶、废塑料等）等。根据废物的成分与性质，不同废物在水泥生产过程中的用途不同，主要包括以下两个方面：

（1）替代燃料：主要为高热值有机废物。

（2）替代原料：主要为低热值无机矿物材料废物。此外，固体废物还可以用作水泥粉磨阶段的添加物。

92. 水泥窑协同处置废物有哪些优势？

（1）焚烧温度高，停留时间长，能将废物中有毒有害成分进行彻底的"摧毁"和"解毒"。

（2）适应性强，焚烧状态稳定，湍流良好，并且没有废渣排出。

（3）碱性的环境气氛，能有效抑制酸性物质的排放，便于其尾气的净化，废气处理效果好。

（4）利用水泥窑协同处置废物，虽然需要在工艺设备和给料设施方面进行必要的改造，并需新建废物贮存和预处理设施，但与新建专用焚烧厂相比，还是大大节省了投资。

第六部分

固体废物的最终处理

93. 固体废物的最终处置方法有哪些?

固体废物经过减量化、资源化或预处理后,剩余的无利用价值的残渣,往往富集了大量的不同种类的污染物质,对生态环境和人体健康具有即时性和长期性的影响,必须加以最终处置。

历史上,用于固体废物最终处置的方法主要有陆地处置和海洋处置两大类。海洋处置包括深海投弃和海上焚烧。海洋处置现已被国际公约禁止,陆地处置成为世界各国广泛采用的废物最终处置方法。固体废物的陆地最终处置方法可分为浅地层处置和深地层处置两种基本处置方法。浅地层处置是指在浅地层(深度一般在地面下50m以内)处置固体废物,按照固体废物的类别,浅地层处置又可分为危险废物安全填埋、生活垃圾卫生填埋、一般工业固体废物填埋。深地层处置是在深地层处置废物,通常包括废矿井处置和深井灌注。

94. 什么是卫生填埋？

　　卫生填埋是指对城市垃圾和废物在卫生填埋场进行的填埋处置。目前，卫生填埋仍然是最常用的生活垃圾处理方法，具有成本低、处理量大、操作简便等特点，在世界上许多国家得到广泛应用。为了防止填埋废物与周围环境接触，尤其是防止地下水污染，卫生填埋场要满足规划选址标准、工程建设标准、工艺技术标准、操作运行标准和环境污染控制标准。

　　卫生填埋要求对填埋场场地进行工程化防渗，有完善的垃圾渗滤液收集处理系统，填埋气体得到有效的收集和利用，填埋日常运行管理规范，对周围环境的影响得到有效控制。填埋场按垃圾堆体与空气的接触程度，可分为厌氧填埋、准好氧填埋和好氧填埋。保持垃圾填埋堆体处于厌氧状态的填埋称作厌氧填埋，目前，我国的卫生填埋场基本上采用厌氧填埋。

95. 什么是安全填埋？

　　安全填埋主要用于处置危险废物，指对危险废物在安全填埋场进行的填埋处置。为了防止填埋废物与周围环境接触，尤其是防止地下水污染，在设计上除了必须严格选择具有适宜的水文地质条件和满足其他条件的场址外，还要求在填埋场底部铺设高密度聚乙烯材料的双层衬里，并具有地表径流控制、浸出液的收集和处理、沼气的收集和处理、监测井及适当的最终覆盖层的设计。在操作上必须严格限定入场处置的废物，进行分区、分单元填埋及每天压实覆盖，并特别要注意封场后的维护管理，通常要求在封场后应至少持续维护管理20年。

96. 固体废物是否安全处置的原则有哪些？

固体废物的最终安全处置原则可归纳为以下三方面：

（1）固体废物种类繁多，危害特性和方式、处置要求均各有不同，因此应根据所处置固体废物对环境危害程度的大小和危害时间的长短区别对待、分类处置，严格管制危险废物。

（2）固体废物的处置要合理地、最大限度地使其与自然和人类环境隔离，减少有毒有害物质释放进入环境的速率和总量，将其在长期处置过程中对环境的影响减至最小程度。

（3）对危险废物实行集中处置，这样不仅可以节约人力、物力、财力，利于监督管理，也是有效控制乃至消除危险废物污染危害的重要形式。

97. 填埋场是怎样选址的？

填埋场选址的总原则是应以合理的技术、经济方案，尽量少的投资，达到最理想的处理效果，实现保护环境的目的。具体需遵循的原则有：环境保护原则、经济原则、法律及社会支持原则、工程学及安全生产原则。

填埋场选址首先应对适宜处置废物的填埋场场址进行现场勘探调查，并根据所能收集到的当地地理、水文地质和气象资料，初步筛选出若干地区；再根据选址基本准则，对这些场址进行比较和评价。

在评价一个用于长期处置固体废物的填埋场场址的适宜性时，必须加以考虑的主要因素有运输距离、场址限制条件、可使用土地面积、出入场地道路、地形和土壤条件、气候条件、地表水文条件、水文地质条件、当地环境条件以及填埋场封场后场地是否可被利用。

98. 如何防范填埋场产生的二次污染和危害？

　　填埋场运行时若管理不当会产生大气污染、水污染和环境卫生问题。

　　大气污染主要是温室气体和臭气，大部分来自填埋气体的外泄。减少填埋场的大气污染主要是加强填埋场的覆盖和填埋气体的收集，另外还可以通过控制进入填埋场的垃圾成分来减少臭气的产生。填埋气体收集后可通过设置填埋气体火炬或对填埋气体进行利用控制其污染和危害。

　　水污染主要来自填埋场渗滤液，填埋场防渗层失效或渗漏、渗滤液没有处理或处理不达标都可能造成水污染。需要严格监控填埋场周围地下水的水质情况，同时做好雨水疏导和渗滤液收集处理工作。

　　填埋场的环境卫生问题主要是散发恶臭、孳生蚊蝇，以及影响景观，对此应严格按照填埋场运营要求进行日覆盖层的操作，即在每天的填埋终了时，用覆盖材料覆盖在填埋场工作面上。

99. 填埋场的渗滤液是怎么产生的？怎样减少其产生量？

渗滤液是从填埋场渗出的含有污染物的液体。固体废物在填埋过程中，会有天然降水（雨和雪）、地表径流、地表灌溉、地下水入渗，另外废物自身带有水分，废物中有机物质发生生物化学分解也会产生水，以上这些水渗出后便成为渗滤液。

减少渗滤液产生主要有两种途径：

（1）控制地表水和地下水的入渗量，做好固废堆体上端防渗覆盖，不断缩小汇水面积，使得雨水通过堆体的量减少，同时控制浅层地下水的横向流动，采取工程措施降低地下水位，以达到减少渗滤液的目的。

（2）改变填埋废物的成分，控制入场填埋废物的含水率，也可减少渗滤液的产生，如减少有机成分的填埋等。

100. 如何处理填埋场的渗滤液？

渗滤液的处理方法和工艺取决于渗滤液的数量和特性，而渗滤液的特性又取决于所填埋废物的特性和填埋场使用的年限。由于渗滤液成分变化很大，因此有多种处理方法，主要包括渗滤液循环、渗滤液蒸发、渗滤液的生物处理和物化处理。生物处理包括好氧处理和厌氧处理。物化处理包括吸附、催化氧化、化学沉淀、氨吹脱、膜技术和蒸发处理等。采用哪种处理方法主要取决于要除去的污染物的种类和含量。需在填埋场内建设单独的处理系统，出水水质达到标准后排放。

101. 填埋场为什么会产生填埋气（LFG）？

填埋气（Landfill gas，LFG）是固体废物填埋后，其中的有机组分在填埋场内通过生化分解所产生的，含有甲烷、二氧化碳、氨、一氧化碳、氢、硫化氢、甲胺硫、含卤气体等的混合气体。甲烷和二氧化碳是填埋场气体中的主要成分，根据填埋废物的来源和组成不同，填埋气体中主要含有 30% ~ 55% 体积比的甲烷、5% ~ 30% 体积比的二氧化碳。

102. 填埋气如何进行回收利用？

甲烷和二氧化碳是填埋气的主要成分，甲烷是天然气的主要成分，它和二氧化碳一样，也是一种"温室气体"。$1m^3$ 填埋气相当于大约 $0.5m^3$ 天然气或者是 0.5 L 燃油的热值，即填埋气的热值为 27.8 ~ 30.5 MJ/kg，具有很高的燃料回收价值。填埋气常见的利用方式是直接燃烧发电，也可以通过提纯后用作管道天然气或汽车燃料等。对未能利用的填埋气，填埋场一般要设置火炬燃烧。

103. 填埋场的环境监测内容有哪些？

为了确保填埋场运营符合所有管理标准和检查填埋场是否按设计要求正常运行，需要对填埋场进行定期监测。填埋场运行和封场后的监测内容包括：填埋场内渗滤液水位、排水系统内的水位、填埋场渗滤液通过底部衬层或基础的渗漏情况、场址周围地下水水质、填埋场

及其周围大气中的填埋气浓度、渗滤液收集池中的渗滤液水位和水质，以及最终封场覆盖的稳定性。

104. 哪些废物不能进入生活垃圾卫生填埋场？

严禁混有下列物质的废物进入生活垃圾卫生填埋场：

（1）有毒工业制品及其残弃物。

（2）有毒试剂和药品。

（3）有化学反应并产生有害物质的物质。

（4）有腐蚀性或放射性的物质。

（5）易燃、易爆等危险品。

（6）生物危险品和未经处理的医疗垃圾。

（7）其他严重污染环境的物质。

为了保证以上物质不进入生活垃圾卫生填埋场，应组织对入场垃圾进行检查。

105. 填埋场为什么要进行"封场"处理？

固体废物堆至填埋场的设计标高或填埋场不再受纳废物而停止使用时，需要做封场处理。填埋场封场指的是废物填埋作业完成之后，在填埋场顶部铺设覆盖层的工程。固体废物填埋场的最终覆盖是填埋场运行的最后阶段，通过封场系统以减少雨水等地表水入渗进入废物层中。封场系统的功能是：减少雨雪降水等渗入填埋场；控制填埋气从填埋场上部释放；控制病原菌的繁殖；避免地表径流的污染，避免污染物的扩散；避免危险废物与人和动物的直接接触；提供一个可以进行景观美化的表面；便于填埋场地的再利用。

106. 封场后的填埋场还需要管理吗？

填埋场封场工程竣工验收后，一般要定期检查维护设施，对地下水、渗滤液、填埋气、大气、垃圾堆体沉降及噪声进行跟踪监测，保持渗滤液收集处理和填埋气收集处理的正常运行，在未经专业技术部门鉴定之前，填埋场地禁止作为永久性建（构）筑物的建筑用地。

107. 填埋场封场后土地还可如何利用？

填埋场达到使用年限后，应进行封场。封场后的填埋场达到一般土地使用的要求，可用作停车场、运动场或公园绿地。为了促进填埋场封场后土地的安全利用，需加强对封场后污染物的监测。

第七部分
固体废物控制的
公众参与

108. 日常生活中如何减少固体废物的产生？

《中华人民共和国固体废物污染环境防治法》第三条规定："国家对固体废物污染环境的防治，实行减少固体废物的产生量和危害性、充分合理利用固体废物和无害化处置固体废物的原则，促进清洁生产和循环经济发展。"减少固体废物的产生量和危害性是固体废物污染防治的首要选择。因此，我们应该做到：

在学习和工作中,尽量不使用一次性签字笔,纸张双面打印,使用再生纸和再生纸办公用品,尽量使用互联网和无纸化办公等。

在饭店就餐时,适量点菜、剩菜打包带走,减少浪费;使用可重复使用的餐具,尽量不使用一次性餐巾和桌布等。

在家庭中,将可回收物品单独存放,并交给废品回收机构,把可再使用的闲置物品赠予需要的人,尽量使用可重复使用的耐用品,减少使用一次性物品等。

在购物中,尽量购买环境标志认证产品、节能节水认证标志产品和循环利用标志产品等。不买过度包装商品,自备购物袋等。

109. 如何对待一次性物品?

一次性物品是指只能使用一次的用品。在生活中,一次性物品由于其使用便捷而得到广泛使用。如一次性饭盒、一次性筷子、一次性塑料袋、一次性杯子、一次性牙刷、一次性拖鞋等。但是,使用一次性物品是现代社会中的一把"双刃剑",它既是物质富足、方便快捷的象征,也充当着把资源变成垃圾的"加速器",大量的能源和资源被"一次性"地浪费了。因此,我们要减少一次性物品

的使用，可能情况下，尽量多次使用。对于提供商业服务的场所，可备用一次性物品，但不宜常规性地为顾客提供。

110. 日常生活中如何参与垃圾分类？

普及垃圾分类、倡导可再生资源利用，是从源头控制垃圾产生量的有效措施。各地政府应对垃圾分类给予明确要求。

比如，部分城市将垃圾分为可回收物、厨余垃圾和其他垃圾。居民在家中应把生活垃圾分为可回收物、厨余垃圾和其他垃圾，并分别放置和投放。

111. 法律为公众参与固体废物管理和监督赋予了哪些权利？

　　为了维护环境权益、对违法企业进行监督和举报、促进环境问题的解决，需要公众对各类环保公共事务进行深度参与。公众参与固体废物管理和监督可以依据下列法律、法规：

　　《中华人民共和国宪法》第二条规定："人民依照法律规定，通过各种途径和形式，管理国家事务，管理经济和文化事业，管理社会事务。"这一规定从根本上明确了公民在环境保护方面的基本民主权利。

《中华人民共和国环境保护法》第六条规定："一切单位和个人都有保护环境的义务。……公民应当增强环境保护意识，采用低碳、节俭的生活方式，自觉履行环境保护义务。"第五十七条规定："公民、法人和其他组织发现任何单位和个人有污染环境和破坏生态行为的，有权向环境保护主管部门或者其他负有环境保护监督管理职责的部门举报。公民、法人和其他组织发现地方各级人民政府、县级以上人民政府环境保护主管部门和其他负有环境保护监督管理职责的部门不依法履行职责的，有权向其上级机关或者监察机关举报。"这些法律规定为公众参与环境保护提供了原则性的法律依据。

《中华人民共和国固体废物污染环境防治法》第七条规定"国家鼓励单位和个人购买、使用再生产品和可重复利用产品。"第九条规定："任何单位和个人都有保护环境的义务，并有权对造成固体废物污染环境的单位和个人进行检举和控告"。

国务院颁布的《废弃电器电子产品回收处理管理条例》第二十六条规定："任何单位和个人都有权对违反本条例规定的行为向有关部门检举。有关部门应当为检举人保密，并依法及时处理。"

《中华人民共和国环境影响评价法》明确了对公众和专家参与规划和建设项目环境影响评价的范围、程序、方式和公众意见的法律地位，使公众的意见成为环境影响报告书不可缺少的组成部分。

112. 固体废物的社会监督有哪些举报渠道？

2011 年 3 月 1 日施行的《环保举报热线工作管理办法》第二条规定："公民、法人或者其他组织通过拨打环保举报热线电话，向各级环境保护主管部门举报环境污染或者生态破坏事项，请求环境保护主管部门依法处理的,适用本办法。"环保举报热线应当使用"12369"
特服电话号码。

　　2013 年 11 月,环境保护部和公安部联合发布的《关于加强环境
保护与公安部门执法衔接配合工作的意见》提出:"要公布举报电话、
邮箱或者微博,方便群众举报、投诉环境违法犯罪行为。对经查证属
实的群众举报线索,要向举报人兑现奖励。"对于电话举报,除了全
国各级环保部门统一的举报热线 12369,公众也可拨打 110 向公安机
关举报。

　　2006 年 7 月 1 日施行的《环境信访办法》第二条规定:"环境

信访是指公民、法人或者其他组织采用书信、电子邮件、传真、电话、走访等形式，向各级环境保护主管部门反映环境保护情况，提出建议、意见或者投诉请求，依法由环境保护主管部门处理的活动。"信访人的环境信访事项，应当依法向有权处理该事项的本级或者上一级环境保护主管部门提出。信访人采用走访形式提出环境信访事项的，应当到环境保护主管部门设立或者指定的接待场所提出。多人提出同一环境信访事项的，应当推选代表，代表人数不得超过 5 人。

113. 公众如何参与固体废物相关建设项目的环境影响评价？

《中华人民共和国环境影响评价法》第五条规定："国家鼓励有关单位、专家和公众以适当方式参与环境影响评价。"第十一条规定："专项规划的编制机关对可能造成不良环境影响并直接涉及公众环境权益的规划，应当在该规划草案报送审批前，举行论证会、听证会，或者采取其他形式，征求有关单位、专家和公众对环境影响报告书草案的意见。""编制机关应当认真考虑有关单位、专家和公众对环境影响报告书草案的意见，并应当在报送审查的环境影响报告书中附具对意见采纳或者不采纳的说明。"

同时按照《建设项目环境影响评价政府信息公开指南（试行）》相关要求，对环境影响评价内容进行了解。具体参与办法详见 2006 年 2 月国家环保总局发布的《环境影响评价公众参与暂行办法》。该办法不仅明确了公众参与环评的权利，而且规定了公众参与环评的具体范围、程序、方式和期限。如明确公众参与的具体形式有调查公众意见、咨询专家意见、座谈会、论证会和听证会。

114. 如何看待居住地附近拟建的固体废物处置设施？

　　固体废物处置设施是工业生产和社会生活配套的基础设施，是固体废物污染防治的必要环节。

　　目前有很多关注度比较高的固体废物处置建设项目因为公众反对而停止，如北京六里屯垃圾焚烧厂等。公众对这些垃圾焚烧厂项目，应当科学和全面地认识其性质和作用，了解垃圾焚烧厂的真实环境影响，积极参与环境影响评价，并在听证会、征求民意等过程中理性表达自己的诉求和客观传送项目对环境影响的信息，避免"传言"误导。

115. 什么是再生产品和可再生产品?

再制造品标识　　　　　　再生利用品标识

注：图片来源为《再生利用品和再制造品通用要求及标识》（GB/T 27611—2011）。

　　可再生产品是废弃后可以循环再利用的产品，但不一定是由循环再利用的废料生产。可再生产品废弃时可以回收利用和生产再生产品。可再生产品的标识是提醒人们在使用完印有这种标识的商品或包装材料后应回收利用，而不是当做垃圾扔掉。

　　再生产品是使用了循环再利用的废料生产的产品。例如，"Rcy100%"再生纸，表示其物料全部来自循环再利用的废纸；"Rcy50%"再生塑料，表示该产品中使用的废塑料所占的质量百分比为50%。生产再生品，使再生资源回收利用，可以缓解我国资源短缺、保持资源永续、减轻环境污染和提高经济效益。公众应尽量购买和使用再生产品。

978-7-5111-3247-5
定价：23 元

978-7-5111-1624-6
定价：23 元

978-7-5111-3169-0
定价：23 元

978-7-5111-0966-8
定价：26 元

978-7-5111-2067-0
定价：18 元

978-7-5111-3138-6
定价：24 元

978-7-5111-3798-2
定价：22 元

978-7-5111-2370-1
定价：20 元

978-7-5111-3246-8
定价：22 元

978-7-5111-2102-8
定价：20 元

978-7-5111-3209-3
定价：28 元

978-7-5111-2637-5
定价：18 元

978-7-5111-3555-1
定价：23 元

978-7-5111-2369-5
定价：25 元

978-7-5111-3369-4
定价：22 元

978-7-5111-2642-9
定价：22 元

湖泊水环境保护
知识问答

978-7-5111-2371-8
定价：24 元

环境与健康
知识问答

978-7-5111-2971-0
定价：30 元

自然资源永续利用
知识问答

978-7-5111-2857-7
定价：22 元

化学品环境管理
知识问答

978-7-5111-2970-3
定价：23 元

持久性有机污染物（POPs）防治
知识问答

978-7-5111-2871-3
定价：24 元

汞污染危害
预防及控制知识问答

978-7-5111-3105-8
定价：20 元

室内环境与健康
知识问答

978-7-5111-2725-9
定价：24 元

危险废物污染防治
知识问答

978-7-5111-3210-9
定价：23 元

固体废物进出口管理
知识问答

978-7-5111-2972-7
定价：23 元

PM2.5
污染防治知识问答（续）

978-7-5111-3416-5
定价：22 元

核电厂核事故防护
知识问答

978-7-5111-0702-2
定价：15 元

城镇排水和污水处理
知识问答

978-7-5111-3139-3
定价：23 元

PM2.5
污染防治知识问答

978-7-5111-1357-3
定价：20 元

环境管理
知识问答

978-7-5111-3725-8
定价：32 元

VOCs 污染防治
知识问答

978-7-5111-2973-4
定价：26 元